世界名枪全鉴

突击步枪 珍藏版 第3版 李晋远 等编著

机械工业出版社
CHINA MACHINE PRESS

本书介绍了历史上的一些经典突击步枪和当今最先进的突击步枪。本书不仅有详细的文字介绍（例如关于突击步枪的活塞、导气装置等一些内部构造的说明），而且精心挑选了效果图，让大家在欣赏名枪的同时，还能掌握一些枪械结构特征的知识，这对喜欢枪械的军迷朋友而言无疑是一个学习渠道。

本书适合广大军事爱好者阅读参考。

图书在版编目（CIP）数据

世界名枪全鉴. 突击步枪：珍藏版/李晋远等编著 . —3 版 . —北京：机械工业出版社，2018. 11（2020.1重印）
ISBN 978-7-111-61344-2

Ⅰ . ①世… Ⅱ . ①李… Ⅲ . ①步枪 – 介绍 – 世界 Ⅳ . ①E922.1

中国版本图书馆 CIP 数据核字（2018）第 252383 号

机械工业出版社（北京市百万庄大街22 号 邮政编码100037）
策划编辑：杨 源 责任编辑：杨 源
责任校对：秦洪喜 责任印制：李 昂
北京瑞禾彩色印刷有限公司印刷
2020 年 1 月第 3 版第 2 次印刷
184mm×260mm · 9 印张 · 211 千字
3501—4700 册
标准书号：ISBN 978-7-111-61344-2
定价：59. 80 元

前　　言

　　本书介绍的每一种突击步枪都是经过精心筛选的，还提供了其中一些枪械的配件展示图和局部细节图，而且都配有详细的文字说明，让军迷朋友能够更为直观地了解到每一种突击步枪的构造，并欣赏到枪械的精美图片。书中突击步枪的型号和功能样式比较全面，例如 AK–47 突击步枪以及 AK 枪族、造型独特的 APS 水下突击步枪、柯尔特公司的 M16 枪族等。书中内容以及各项参数均来源于各国已公开的军事文档及国外出版的军事杂志，内容客观，便于读者阅读参考。相信本书会让广大的军迷朋友更为详细和全面地了解突击步枪知识。

目 录

第3章 美国

第4章 奥地利

第5章 比利时

第6章 意大利

第7章 苏联

第8章 俄罗斯

第9章　英国

第10章　以色列

第11章 其他国家突击步枪介绍

第 1 章
德国／联邦德国／民主德国

HK416 突击步枪

HK416 突击步枪由 HK 公司参照 G36 突击步枪的自动系统在 M4 卡宾枪的基础上改造而成。

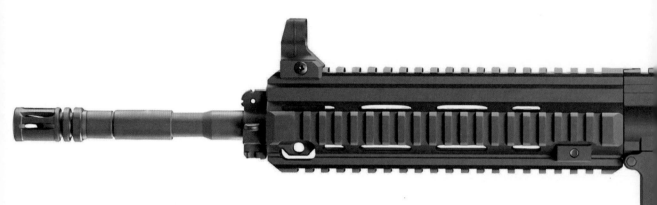

HK416 突击步枪枪械参数

弹夹容量	30
重　　量	2.95kg
长　　度	690mm
口　　径	5.56mm
子　　弹	5.56×45mm NATO
制造年代	2005
制造国家	德国
自动方式	短行程导气式活塞
闭锁方式	滚柱延迟闭锁式

　　为了更好地提高武器在恶劣条件下的可靠性、全枪的使用寿命以及安全性，HK416 突击步枪的枪管采用了冷锻碳钢成型的工艺。优质的钢材以及先进的加工工艺，使得 HK416 突击步枪的枪管寿命超过 2 万发。

HK416 突击步枪曾在位于亚利桑那州尤马沙漠的美国陆军地面武器试验场进行了可靠性试验。它在多种极端环境下，不同类型的枪管、不同类型的弹药、安装或不安装消音器所表现出来的可靠性，都比 M16 突击步枪高，甚至可以在水下射击。

G3 自动步枪

G36 突击步枪

G36 突击步枪枪械参数	
弹夹容量	30/100
重　　量	3.6kg
长　　度	998mm
口　　径	5.56 mm
子　　弹	5.56x45mm NATO
制造年代	1996
制造国家	德国
自动方式	短行程导气式活塞
闭锁方式	滚柱延迟闭锁式

　　G36 突击步枪是德国国防军装备的步枪，也是德国 HK 公司在 1996 年推出的现代化突击步枪。

G3 自动步枪枪械参数	
弹夹容量	20
重　　量	4.41kg
长　　度	1025mm
口　　径	7.62mm
子　　弹	7.62×51mm NATO
制造年代	1957
制造国家	联邦德国、西班牙
自动方式	半自由枪机式
闭锁方式	滚柱延迟闭锁式

G3 自动步枪的发射机构是一个独立的组合件，用连接销固定于机匣上。击发阻铁上有一个椭圆孔，扳机轴装在该孔内。在阻铁簧的作用下，阻铁头总是力图朝扳机前上方运动。与此同时，另一根弹簧则使阻铁头上抬。在机体完全复进到位之前，该枪不能击发。因为只有在机体复进到位时，才能压下不到位保险阻铁，进而使不到位保险阻铁脱离击锤缺口。

G36K 突击步枪

G36C 突击步枪

G36C 突击步枪枪械参数	
弹夹容量	30
重　量	2.988kg
长　度	716mm
口　径	5.56mm
制造国家	德国

　　"C"表示"Compact"，即 G36 的紧凑型。G36C 突击步枪的导气活塞比其他型号的 G36 突击步枪短，枪口消焰器改自 G36K 突击步枪，但也缩短了一半以上。用如此短的枪管和消焰器发射步枪子弹，未能充分燃烧的发射药会在枪口形成很强的火焰和噪声。

G36K 突击步枪枪械参数

弹夹容量	30
重　　量	3.37kg
长　　度	833 mm
口　　径	5.56 mm
制造国家	德国

G36K 突击步枪具有中短程突击步枪的所有能力，最适合在狭窄的地方使用。

HK417 突击步枪

HK33 突击步枪

HK33 突击步枪枪械参数	
弹夹容量	25/30/40
重　　量	3.6kg
长　　度	865mm
口　　径	5.56mm
子　　弹	5.56×45mm NATO
制造年代	1968
制造国家	联邦德国
自动方式	半自由枪机式
闭锁方式	滚柱延迟闭锁式

　　自从 1964 年 M16 突击步枪被美军选用后，世界上掀起了小口径步枪的风潮。为顺应市场需要，HK 公司以 G3 自动步枪为基础开发出了几种不同口径的步枪，HK33 突击步枪是以 G3 自动步枪为基础而开发的第一种使用 5.56mm 步枪子弹的突击步枪。HK33 突击步枪在德国基本上没有装备，但在第三世界国家相当受欢迎，出口型一般被称为 HK33E 突击步枪（E 是出口产品的意思）。

HK417 突击步枪是 HK416 突击步枪的 7.62mm 口径型，HK416 突击步枪与 HK417 突击步枪的关系就像 SCAR-L 和 SCAR-H，是同一枪族的两种口径型。

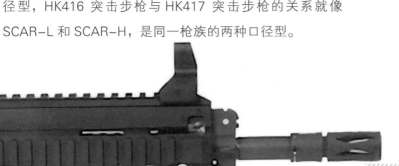

HK417 突击步枪枪械参数	
弹夹容量	10/20
重　　量	2.95kg
长　　度	690mm
口　　径	7.62mm
子　　弹	7.62×51mm NATO
制造年代	2005
制造国家	德国
自动方式	短冲程活塞传动式系统
闭锁方式	滚柱延迟开锁式

HK417 是一种由德国 HK 公司设计和制造的突击步枪。它是一种带有旋转螺栓的气动式步枪。

HK33 突击步枪通常配 25 发钢弹夹，也有 40 发铝弹夹。HK 公司向执法机构和军用市场推出了钢制 30 发弹夹，弹夹非常坚固，能承受车辆的辗压。

HK 433 突击步枪

HK 237 突击步枪

HK237 突击步枪是一种基于 G36 突击步枪、HK233 突击步枪的中端武器，具有较大威力的口径。

HK237 突击步枪采用活塞短后坐自动原理，在 G36 突击步枪、HK233 突击步枪的基础上改进而成，对小握把的防滑纹路进行了优化，护木两侧都有 Key-mod 通用接口，提把上方、护木上下都有皮卡汀尼导轨，便于安装各种配件。三叉形枪口制退器外部有螺纹，可以直接安装消音器，射速可达 750 发 / 分。

HK 237 突击步枪枪械参数

弹夹容量	10/20/30
重　　量	3kg
长　　度	760 mm
口　　径	7.62mm
制造国家	德国

HK 433 突击步枪枪械参数	
弹夹容量	30
重　　量	3.25kg
长　　度	843 mm
口　　径	5.56mm
制造国家	德国

HK433 是一种模块化、紧凑型的突击步枪，口径为 5.56 毫米，它结合了 G36 突击步枪和 HK416 突击步枪的优势和突出特点。

HK XM8 突击步枪

HK SL8 运动步枪

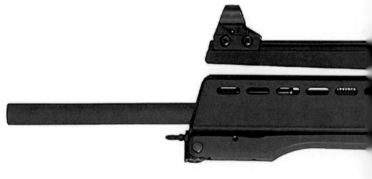

SL8 运动步枪枪械参数	
弹夹容量	10
重　　量	4.2kg
长　　度	980mm
口　　径	5.66mm
制造年代	1996
制造国家	德国
自动方式	导气式
闭锁方式	滚柱延迟闭锁式

　　SL8 是 HK 公司在 G36 突击步枪的基础上改装的运动步枪 (G36 的家族主要成员有：G36 标准型、G36K 短突击步枪、G36C 突击队员步枪、MG36 轻机枪和民用型的 SL8 运动步枪)。SL8 运动步枪采用 5.56mm 口径，不过主要发射的是 .223 雷明顿子弹。

XM8 突击步枪枪械参数	
弹夹容量	10/30
重　　量	2.569kg
长　　度	845.8mm
口　　径	5.56mm
制造年代	2003
制造国家	德国
自动方式	导气式

　　XM8 突击步枪是用来更换美国军队中的 M16 突击步枪和 M4 卡宾枪的。

　　该枪通过模块化组合，使它成为单个机构，并可以根据不同的任务需要和作战地域，转换成不同的枪型或发射不同口径的弹药。

HK G41 突击步枪
HECKLER & KOCH

G41 突击步枪枪械参数	
弹夹容量	30
重　量	4.1kg
长　度	997mm
口　径	5.56mm
子　弹	5.56×45mm NATO
制造年代	1981
制造国家	联邦德国
自动方式	半自由枪机式
闭锁方式	滚柱延迟闭锁式

　　1981 年，联邦德国推出了 G41 突击步枪。它的目的是取代 5.56mm 口径的 HK33 突击步枪，提供一种与现代北约标准兼容的更现代化的武器。该枪的枪机系统和击发机构均采用 G3 自动步枪的设计，机匣、拉机柄、枪托等也与 G3 自动步枪相同。

HK Stgw.57 自动步枪
HECKLER & KOCH

Stgw.57 自动步枪枪械参数	
弹夹容量	24
重　　量	5.56kg
长　　度	1105mm
口　　径	7.5mm
子　　弹	7.5×55mm步枪子弹
制造年代	1954
制造国家	联邦德国
自动方式	半自由枪机式
闭锁方式	滚柱闭锁方式

HK 公司参考了德国的毛瑟 StG45 突击步枪和西班牙 CETME 步枪的原理，在 1954~1957 年间研制了 Stgw.57 自动步枪，但采用了瑞士的 7.5mm 口径步枪子弹。

HK MP7 个人防卫武器

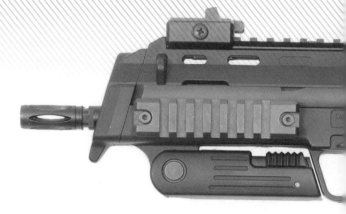

MP7 个人防卫武器枪械参数

弹夹容量	20/40
重　　量	1.6kg
长　　度	640mm
口　　径	4.6mm
子　　弹	4.6×30mm子弹
制造年代	1999
制造国家	德国
自动方式	导气式
闭锁方式	枪机回转式

　　MP7 个人防卫武器由德国 HK 公司研发生产，1999 年正式亮相，2000 年被德军采用成为制式装备。此后该枪开始频繁地出现在各大武器交易展览会中，引起了人们的广泛关注。

HK StG44 突击步枪

Low-Power

在如今的轻武器市场，该枪可谓大红大紫，在问世后的短短 2~3 年时间里，已先后出口到 17 个国家，销售量直线上升。

StG44 是首种使用了短药筒的中间型威力枪弹并大规模装备的突击步枪，是现代步兵史上划时代的成就之一。

StG44 突击步枪枪械参数	
弹夹容量	30
重 量	5.22kg
长 度	940mm
口 径	7.92mm
子 弹	7.92×33mm子弹
制造年代	1943
制造国家	德国
自动方式	导气式
闭锁方式	枪机偏转式

MR556A1 半自动步枪

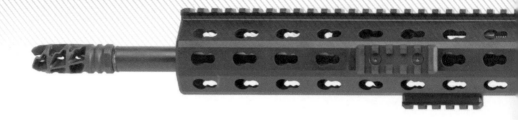

MR556A1 半自动步枪枪械参数

弹夹容量	10/20/30
重　　量	3.98kg
长　　度	939mm
口　　径	5.56mm
制造国家	德国

MR556A1 是由 HK 公司开发的一种半自动步枪，该枪使用的是 HK 公司专利的气体活塞操作系统，使用一个活塞和一个推杆代替在某些枪支中常见的气体管，这种操作方法消除了直接撞击气体系统常见的故障。和 HK416 突击步枪一样，MR556A1 半自动步枪使用的是德国制造的枪管，由 HK 公司的冷锤锻造工艺制造。

HK G28 突击步枪

HK G28 突击步枪枪械参数

弹夹容量	10/20
重　　量	5.8kg
长　　度	1082 mm
口　　径	7.62 mm
制造国家	德国

HK G28 突击步枪是德国国防军装备的 DMR 步枪，是 MR308 的军用型，因此只能半自动射击。在 2016 年 3 月，HK G28 突击步枪击败了 FN 公司的 CSR-20 突击步枪、SIG 公司的 MCX 突击步枪、雷明顿公司的 CSASS 突击步枪等，被美国陆军命名为 M110E1 突击步枪。

StG 940 突击步枪

StG 940 突击步枪枪械参数

弹夹容量	30
长　　度	920mm
子　　弹	5.56x45mm子弹
制造年代	1980
制造国家	民主德国

StG 940 是民主德国研制的 AK 衍生突击步枪系列。该武器主要用于出口。尽管整体上沿用了卡拉什尼科夫的设计，但 StG 940 突击步枪仍有许多独特之处，如直线形枪托、独特的护手、手枪式握把、M16 突击步枪风格的枪口消焰器等。其枪托、护手、握把均由耐冲击的轻质聚合物制成。

第2章
瑞　士

SIG 550 突击步枪

　　1984 年，SIG 公司开始向瑞士陆军提供 StG W90 突击步枪，该枪的出口型有两个编号，一个是 SIG 550 标准型突击步枪，另一个是 SIG 551 短枪管型突击步枪。

　　SIG 550/551/552 突击步枪均为 SIG 540/541 突击步枪的改进型，其结构与 FNC 和 AK 系列突击步枪较为相似。该枪采用长行程导气活塞的自动方式，活塞杆与机框相连，枪机头有两个大型闭锁凸耳。不同的是，SIG 550/551 突击步枪的复进簧位于枪管上方，并绕在活塞杆上。而枪管和活塞杆都很短的 SIG 552 突击步枪，则把复进簧移到机匣后面。这样的复进簧位置可能使其受到导气活塞和活塞筒的极端温度影响，缩短了弹簧的使用寿命，但瑞士军队通过试用，认为这样的设计有利于提高连发射击的精度。

SIG 550 突击步枪枪械参数

弹夹容量	20/30
重　　量	3.4kg
长　　度	740mm
口　　径	5.56mm
子　　弹	5.56×45mm NATO
制造年代	1986
制造国家	瑞士
自动方式	长行程导气式
闭锁方式	枪机回转式闭锁

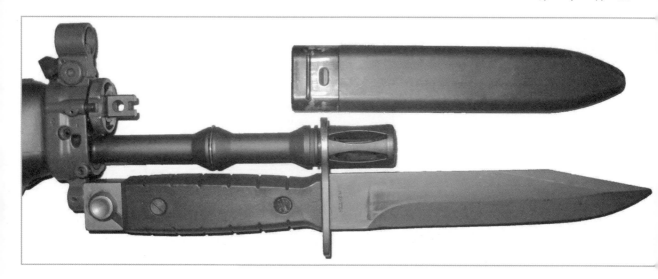

◉ SIG 550 突击步枪分解图

SIG 556 突击步枪

SIG 552 突击步枪

SIG 552 突击步枪枪械参数

弹夹容量	30
重　　量	3.2kg
长　　度	730mm
口　　径	5.56mm
子　　弹	5.56×45mm NATO
制造年代	1998
制造国家	瑞士
自动方式	导气式
闭锁方式	枪机回转式闭锁

　　SIG 552 突击步枪在 1998 年推出，是 SIG 55x 系列中最短的型号。这是一种受潮流影响而设计的 CQB 战术专用短突击步枪，比起 SIG 551 突击步枪，SIG 552 突击步枪的枪管进一步缩短至 226.06 mm，并把重心后移，以方便控制并提高射击精度。扳机护圈可向左、右两侧折叠，戴手套也可操作。

SIG 556 步枪初次登场是在 2006 年 2 月拉斯维加斯的 SHOT Show 展上，它是一款 5.56mm 口径步枪。

SIG 556 突击步枪有左、右手均可操作的保险 / 快慢机柄，军 / 警用型有半自动、3 发点射和全自动功能，民用型只有半自动。弹夹插座可使用 4179 标准的 AR–15 式弹夹，销售时通常每支枪各配一个牢固的 30 发聚合物弹夹。

SIG 556 突击步枪枪械参数

弹夹容量	10/20/30
重　　量	4.05kg
长　　度	998mm
口　　径	5.56mm
子　　弹	5.56×45mm NATO
制造年代	2006
制造国家	瑞士
自动方式	导气式
闭锁方式	枪机回转式闭锁

SIG 510 突击步枪

SIG 540 突击步枪

SIG 540 突击步枪枪械参数	
弹夹容量	20/30
重　　量	3.52 kg
长　　度	950mm
口　　径	5.56mm
子　　弹	5.56×45mm NATO
制造年代	1977
制造国家	瑞士

该枪可单发或连发射击，也可安装 3 发点射可控机构。该枪配有空枪挂机装置，当弹夹内的枪弹打完后，空仓挂机夹榫被顶出，将枪机阻于后方位置。

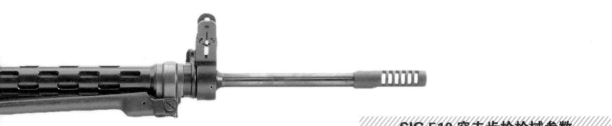

SIG 510 突击步枪枪械参数	
弹夹容量	20
重　　量	4.37 kg
长　　度	1015mm
口　　径	7.62mm
子　　弹	7.62×51mm NATO
制造年代	1957
制造国家	瑞士
自动方式	半自由枪机式
闭锁方式	滚轮延迟闭锁式

　　SIG 510 是瑞士 SIG 公司生产的一种选择性突击步枪。

　　该枪采用与 G3 自动步枪及 CETME 突击步枪相同的滚轮延迟闭锁系统。SIG 510 突击步枪能发射枪榴弹，而且准确度高，在恶劣环境下仍可正常使用。该枪一共有 4 种型号，分别是：SIG 510-1、SIG 510-2、SIG 510-3、SIG5 10-4。

⑤SIG MCX 突击步枪

SIG MCX 突击步枪枪械参数

弹夹容量	30
重　　量	2.61 kg
长　　度	730mm
子　　弹	5.56×45mm NATO
制造年代	2015
制造国家	瑞士

　　SIG MCX 突击步枪是 SIG 公司设计和制造的武器系列之一，该枪具有短冲程气体活塞系统。该系统可用于步枪、短步枪和手枪。该枪重量较轻，后坐力很小，扳机也比较灵巧，所以更适合民用市场和执法部门。

第3章
美　国

M14 自动步枪

1957 年，美国制造了 M14 自动步枪，该枪可选射击模式，曾经是美国军队的制式步枪。

M14 自动步枪枪械参数

弹夹容量	20/30
重　　量	3.64kg
长　　度	1125mm
口　　径	7.62mm
子　　弹	7.62×51mm NATO
制造年代	1957
制造国家	美国
自动方式	导气式
闭锁方式	枪机回转式

　　M14 自动步枪基本上是一种改进的 M1 伽兰德步枪，发射 7.62×51mm NATO 子弹，弹容量比 M1 伽兰德步枪大，调整快慢机可实施半自动或全自动射击。不过事实上在美国军队中的 M14 自动步枪大多数都把快慢机柄换成快慢机锁，限制其只能进行半自动射击。

　　该枪是作为制式的突击步枪而进行设计的，此后还进一步发展出班用自动武器、比赛步枪、榴弹发射器、狙击步枪和礼仪枪等。

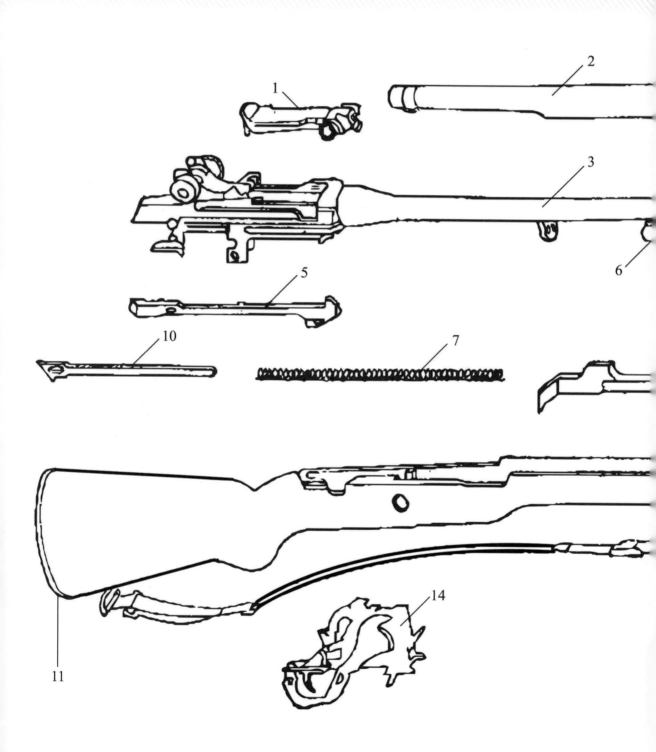

M14 自动步枪零件清单

1. 枪机
2. 上护木
3. 枪管和机匣组件
4. 消焰器
5. 连发杆
6. 导气箍
7. 复进簧
8. 活塞
9. 导气箍顶塞
10. 导杆
11. 枪托
12. 机匣
13. 背带
14. 击发机构

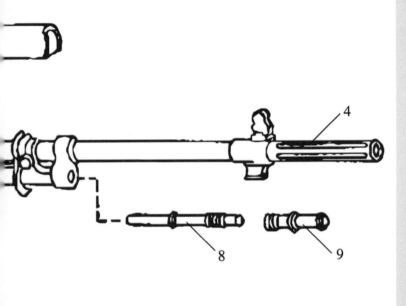

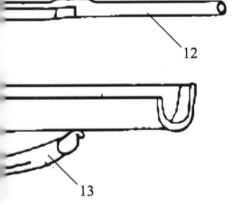

SOPMOD M4 突击步枪

SOPMOD M4 突击步枪枪械参数	
弹夹容量	20/30
重　　量	2.771kg
长　　度	838mm
口　　径	5.56mm
子　　弹	5.56 x 45mm子弹

SOPMOD M4 是一种以 M4A1 突击步枪为基础的模块式突击步枪。

SOPMOD 的意思是特种作战改进型。 为便于安装 KAC 的 QD 消音器，SOPMOD M4 突击步枪的消焰口下方有一个斜切口，这也是 SOPMOD M4 突击步枪与 M4/M4A1 突击步枪的一个细微区别。

Magpul PDR 卡宾枪

该枪是少数采用标准口径的卡宾枪，目的是为了能让使用者降低在战场上的后勤负担。其容量为20或30发，并采用Magpul工业公司生产的P-Mag弹夹供弹，也可使用其他STANAG弹夹。

Magpul PDR卡宾枪是美国Magpul工业公司研制的一种5.56mm口径犊牛式卡宾枪（个人防卫武器），研制目的是取代在军队中服役的部分冲锋枪、M9手枪和M4卡宾枪等武器。由于此枪在外观上具有相当丰富的"未来主义"风格，因而受到大众的关注。

Magpul PDR 卡宾枪枪械参数

弹夹容量	20/30
重　　量	3kg
长　　度	600mm
口　　径	5.56mm
子　　弹	5.56×45mm子弹
制造国家	美国
自动方式	导气式
闭锁方式	枪机回转式

斯通纳 63 突击步枪

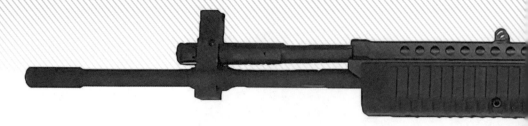

斯通纳 63 突击步枪枪械参数	
弹夹容量	30
重　量	5.5kg
长　度	913mm
口　径	5.56mm
子　弹	5.56×45mm子弹
制造年代	1963
制造国家	美国
自动方式	导气式

斯通纳 63 突击步枪的模块化设计思想目的在于为野战部队提供一种能适应战场上战术要求变化的全能武器。它在使用中有很大的弹性，同时也使得加工制造和后勤供应大为简化。

ACR 突击步枪

ACR 突击步枪能够适应多重环境和用途，且左、右手皆可使用，操作简单，也比较轻。

该枪是一种由 Magpul 工业公司设计的突击步枪，最初被称为 Masada 系统。

Masada 系统以一个由机械加工成形的铝合金机匣为基础，机匣是连接整个武器的主体部件，下面的板机座是一个聚合物制品，包括两手均能操作的弹夹释放钮、枪机释放钮及击发机构。该枪采用活塞短行程导气式自动原理、回转式机头闭锁。

ACR 突击步枪枪械参数	
弹夹容量	30
重　量	3.175kg
长　度	508mm
口　径	5.56mm
子　弹	5.56×45mm
制造年代	2006
制造国家	美国
自动方式	活塞短行程导气式
闭锁方式	回转式机头闭锁

M4A1 突击步枪

M16A4 突击步枪

M16A4 突击步枪枪械参数

弹夹容量	20/30
重　　量	3.77kg
长　　度	986mm
口　　径	5.56mm
子　　弹	5.56X45mm
制造国家	美国
自动方式	导气式
闭锁方式	枪机回转式

　　M16A4 突击步枪是 M16 突击步枪的一种改进型，是美国陆军和海豹突击队的标准装备。它的枪械与火控系统分别采用模块化设计。

　　瞄准具采用了许多新技术。机匣为平顶式，上端有 M1913 瞄准镜导轨。枪机带有特富龙润滑涂层，可靠性高。枪管护木内侧装有铝制的隔热屏，提把也可拆卸。固定式枪托后部可安装擦拭工具。

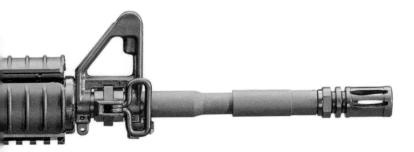

M4A1 突击步枪枪械参数	
弹夹容量	20/30/35
重　　量	2.68kg
长　　度	840mm
口　　径	5.56mm
子　　弹	5.56X45mm子弹
制造年代	1995
制造国家	美国
自动方式	导气式
闭锁方式	枪机回转式

　　M4A1 突击步枪是 M16A2 突击步枪的缩短版本，深受世界各国的军队及警队喜爱。

　　该枪的主要改进是把原来的固定式提把改为可以安装不同瞄准装置的 M1913 导轨，即平顶型机匣。此外，该枪的射击方式是半自动和全自动。该枪的射程和杀伤力也是值得称赞的。

COLT 柯尔特自动步枪

巴雷特 REC7 突击步枪

巴雷特 REC7 突击步枪枪械参数	
弹夹容量	30
口　径	5.56mm
子　弹	5.56X45mm NATO
制造年代	2007
制造国家	美国

巴雷特 REC7 突击步枪是一种半自动步枪，该枪采用短行程气体活塞系统。

该枪是 M16 突击步枪的升级版。巴雷特 REC7 突击步枪从外表看来和巴雷特 M468 突击步枪差不多，但如果仔细观察导气箍的形状，就会发现两者的区别。

该枪实际上是在 M16 突击步枪的基础上改进而成的，其中一些零件取自 M16A2 突击步枪。该枪人机工效设计更加合理。

柯尔特自动步枪枪械参数	
重 量	3.78kg
长 度	1000mm
口 径	5.56mm
子 弹	5.56X45mm NATO
制造国家	美国

RGP 突击步枪

RGP 突击步枪枪械参数

重　　量	3kg
口　　径	5.56mm
制造年代	2006
制造国家	美国

RGP 突击步枪是由雷明顿公司设计制造的。该枪使用活塞导气系统，试图提高武器的可靠性。

M16 突击步枪

除了较重的枪管之外，它还具有一个有护圈的金属准星。该枪使用莱瑟伍德或者 Realist 的 3-9 倍可调距离望远镜式（ART）瞄准镜，有一些还使用了 Sionics 消音器和消焰器。

M16 突击步枪枪械参数

弹夹容量	30/60
重　　量	3.1kg
长　　度	986mm
口　　径	5.56mm
子　　弹	5.56X45mm M1943子弹
制造年代	1964
制造国家	美国
自动方式	导气式
闭锁方式	枪机回转式

该枪是第二次世界大战后，美国换装的第二代突击步枪，也是世界上第一种装备部队并参加实战的小口径步枪，对后来的轻武器小型化产生了深远的影响。迄今为止，M16 突击步枪被将近 100 个国家使用，被誉为当今世界六大名枪之一。

第4章
奥地利

斯泰尔 ACR 突击步枪

AUG 突击步枪

AUG 突击步枪枪械参数	
弹夹容量	30/42
重　　量	3.6kg
长　　度	790mm
口　　径	5.56mm
子　　弹	5.56×45mm NATO
制造年代	1978
制造国家	奥地利
自动方式	导气式

　　AUG 突击步枪是一种导气式、弹夹供弹、射击方式可选的无托结构步枪，于1978年研制。其设计研制的目的是为了替换当时奥地利军方采用的 StG58 突击步枪。

斯泰尔 ACR 突击步枪的外形很简洁，整体式聚合物外壳的前半段像一个圆筒，中间下方有 AUG 式的握把，顶部有安装机械瞄准具的提把，其标配的机械瞄准具为 1.5–3.5 倍的光学瞄准镜。

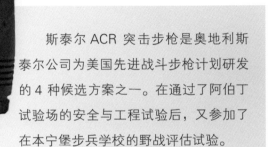

斯泰尔 ACR 突击步枪是奥地利斯泰尔公司为美国先进战斗步枪计划研发的 4 种候选方案之一。在通过了阿伯丁试验场的安全与工程试验后，又参加了在本宁堡步兵学校的野战评估试验。

斯泰尔 ACR 突击步枪枪械参数	
弹夹容量	24
重　　量	3.2kg
长　　度	779.78 mm
口　　径	5.56mm
子　　弹	5.56mm箭形弹
制造国家	奥地利
自动方式	导气式

第 5 章
比利时

FAL 自动步枪

FAL 自动步枪枪械参数	
弹夹容量	20/30
重　　量	4.3kg
长　　度	1090mm
子　　弹	7.62x51mm NATO
制造年代	1947
制造国家	比利时

　　该枪是一种由比利时轻武器设计师迪厄多内·塞弗设计的自动步枪。在冷战期间，北约的许多国家都采用了该枪，美国除外。它是历史上使用最广泛的步枪之一，已被 90 多个国家使用。

　　FAL 意为轻型自动步枪。该枪采用导气式工作原理，枪机采用偏移式闭锁方式。

F2000 突击步枪

F2000 突击步枪采用导气式工作原理，由活塞杆驱动一个旋转闭锁系统，该闭锁系统的强度及可靠性均较高，并保证没有火药燃气进入枪膛。

该枪主要将模块化思想贯穿其中，可以使士兵在战场环境中很容易更换部件，来适应不同情况的需求，同时也要求这种武器为未来可能出现的新型部件留下接口。

F2000 突击步枪枪械参数	
弹夹容量	30
重　　量	3.6kg
长　　度	690 mm
口　　径	5.56mm
子　　弹	5.56x45mm NATO
制造年代	1995
制造国家	比利时

SCAR 突击步枪

FNC 突击步枪

FNC 突击步枪枪械参数	
弹夹容量	30
重　　量	3.8kg
长　　度	997mm
口　　径	5.56mm
子　　弹	5.56X45mm M1943子弹
制造年代	1976
制造国家	比利时
自动方式	导气式
闭锁方式	枪机回转式

　　FN 公司的设计师以 CAL 步枪为基础研制了一种产品，命名为 FNC 突击步枪，正式名称是 FNC76 突击步枪，并参加了 1976 年的"北约下一代步枪选型试验"。

SCAR 突击步枪枪械参数

弹夹容量	20/30
重　　量	3.5kg
长　　度	850mm
口　　径	5.56mm
子　　弹	5.56X45mm NATO
制造年代	2008
制造国家	比利时
自动方式	导气式
闭锁方式	气体闭锁系统

　　该枪是比利时国营赫斯塔尔公司（FN 公司）为了满足美国特种作战司令部的 SCAR 方案而研制的现代化突击步枪，于 2009 年开始服役。

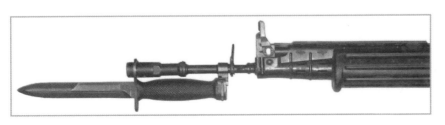

FNC 突击步枪的枪管用高级优质钢制成，内膛精锻成型，故强度、硬度、韧性较好，耐蚀抗磨。

第6章
意大利

ARX-160 突击步枪

ARX-160 突击步枪以 AR-70/90 突击步枪为基础进行改进，最大的改进就是采用新材料，以降低重量和减小尺寸。

ARX-160 突击步枪枪械参数

弹夹容量	20/30/40
重　　量	3.1kg
长　　度	920mm
口　　径	5.56mm
子　　弹	5.56x45mm NATO标准子弹
制造年代	2001
制造国家	意大利
自动方式	导气式

ARX-160 突击步枪是意大利的"21 世纪战士"，即"陆地勇士"的武器平台。在 2001 年 7 月，意大利政府正式批准了为期 4 年的研究计划及 1700 万欧元的开发预算，并重新命名为"未来士兵"计划。当时其单兵轻武器暂时被称为 AR-2001 突击步枪，后来改为 ARX-160 突击步枪，由伯莱塔公司负责研制。

● ARX-160 突击步枪分解图

ARX 100 突击步枪

MX4 风暴突击步枪

MX4 风暴突击步枪枪械参数	
弹夹容量	30
重　　量	2.48kg
长　　度	647mm
子　　弹	9×19mm帕拉贝鲁姆子弹
制造国家	意大利

　　MX4 风暴突击步枪的枪管长度为 30.84cm。该枪可以使用手枪弹夹，也可以使用自己的 30 发弹夹。在该枪的顶部有一个配件导轨，用于安装激光瞄准装置或手电筒。还有另一个钢轨在下面。该枪半自动射击时，可以精确到 100 米，全自动射击时，可以精确到 200 米。

ARX 100 突击步枪采用双侧控制，易替换的枪管。能适应所有的射击场所，ARX 100 突击步枪的特点是使用短行程气体活塞系统，可以在最恶劣的条件下射击。为了使维修方便、无故障，该枪可以在几秒钟内完全拆卸，根本不需要任何工具。

ARX 100 突击步枪枪械参数	
弹夹容量	30
重　　量	3.1kg
长　　度	914mm
口　　径	5.66mm
制造国家	意大利

AR70/223 突击步枪

AR70/90 突击步枪

AR70/90 突击步枪枪械参数

弹夹容量	30
重　　量	3.99kg
长　　度	998mm
口　　径	5.56mm
子　　弹	5.56×45mm NATO
制造年代	1985
制造国家	意大利
自动方式	导气式
闭锁方式	枪机回转式

　　1985 年，意大利伯莱塔公司根据意大利军方对新枪的要求，决定对已装备特种部队的 AR70/223 突击步枪进行改进，改进后的型号称为 AR70/90 突击步枪。该枪为基本型，它还有 SC70/90 式卡宾枪、SCS70/90 式短卡宾枪和 AS70/90 式轻机枪 3 种枪型。

AR70/223 突击步枪枪械参数

弹夹容量	30
重　　量	3.55kg
长　　度	940mm
口　　径	5.56mm
子　　弹	5.56×45mm M1943步枪子弹
制造年代	1968
制造国家	意大利
自动方式	导气式
闭锁方式	枪机回转式

1968 年，意大利伯莱塔公司与瑞士工业公司（SIG）共同研制了一种 5.56mm 口径，发射美国 M1943 步枪子弹的小口径突击步枪。在后来的研制中，两家公司各自发展出不同的最终产品，SIG 公司的产品被命名为 SG530-1 突击步枪，而伯莱塔公司的最终成果是 AR70/223 突击步枪。

CX4 风暴卡宾枪

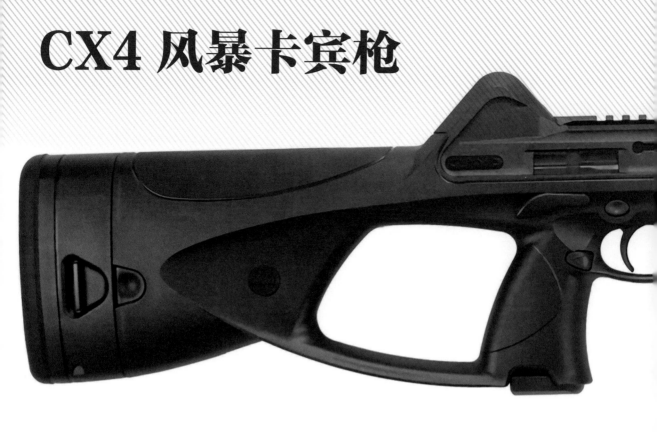

RX4 风暴突击步枪

RX4 风暴突击步枪枪械参数	
弹夹容量	10/20/30
重　　量	3.13kg
长　　度	777.24mm
口　　径	5.56mm
子　　弹	5.56x45mm NATO
制造国家	意大利
自动方式	导气式

CX4 风暴卡宾枪枪械参数

弹夹容量	17
重　　量	2.575kg
长　　度	755mm
口　　径	9mm
子　　弹	9×19mm帕拉贝鲁姆子弹
制造年代	2003
制造国家	意大利
自动方式	自由后坐式

　　CX4 风暴卡宾枪是伯莱塔公司的 "XX4 风暴 " 系列武器中的第一种。CX4 风暴卡宾枪在 21 世纪初推出，目的是为平民提供一种可使用大多数手枪子弹的紧凑和轻便的运动用和自卫步枪。

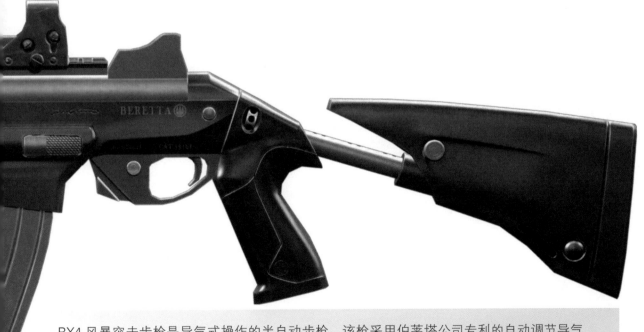

　　RX4 风暴突击步枪是导气式操作的半自动步枪。该枪采用伯莱塔公司专利的自动调节导气系统（ARGO），这是已经在伯莱塔 M4 超级 90 霰弹枪上应用的短行程双导气活塞系统，由位于枪管下方前托内的导气箍和两组短行程导气活塞组成。RX4 风暴突击步枪主要适用于自卫、安全保卫和警察执法。由于这样的定位，所以该枪目前只推出了半自动型。

第7章
苏联

AK-47 突击步枪

AK-47 突击步枪是由苏联武器大师卡拉什尼科夫所设计研制的世界著名的突击步枪。由于其坚固耐用、结构简单，一度成为世界各国士兵最喜爱的突击步枪。

AK-47 突击步枪枪械参数	
弹夹容量	30
重　　量	4.3kg
长　　度	870mm
口　　径	7.62mm
子　　弹	7.62×39mm M1943步枪子弹
制造年代	1947
制造国家	苏联
自动方式	导气式
闭锁方式	枪机回转式

AK-47 突击步枪并没有刺刀，机匣和许多配件是用冲压工艺来生产的，采用冲压工艺的好处是材料消耗少，生产效率高。许多人把早期的 AK-47 突击步枪称为"第 1 型"，以区分 1951 年和 1953 年生产的 AK-47 突击步枪。

AK-47 突击步枪的各个单项指标并不出类拔萃，但是综合性能很平均，结构简单，结实耐用，故障极少，造价低廉，威力巨大。AK-47 的编号来历也很简单：所谓 47 是指这种步枪的面世时间，即 1947 年；A 是指自动步枪，K 是它的设计师——卡拉什尼科夫名字的第一个字母。

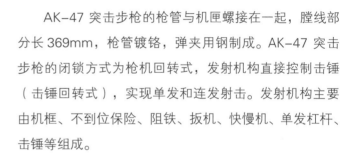

AK-47 突击步枪的枪管与机匣螺接在一起，膛线部分长 369mm，枪管镀铬，弹夹用钢制成。AK-47 突击步枪的闭锁方式为枪机回转式，发射机构直接控制击锤（击锤回转式），实现单发和连发射击。发射机构主要由机框、不到位保险、阻铁、扳机、快慢机、单发杠杆、击锤等组成。

● AK-47 突击步枪分解图

AKM 突击步枪

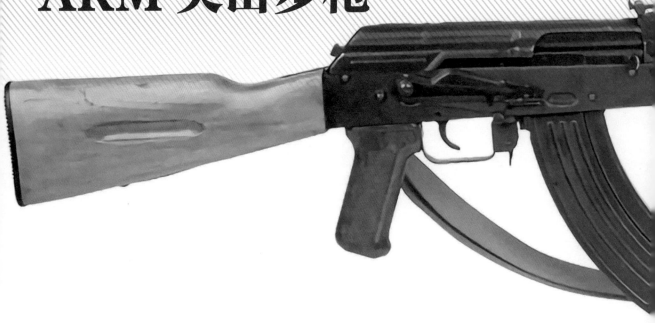

AK-74 突击步枪

AK-74 突击步枪枪械参数

弹夹容量	30
重　　量	3.3kg
长　　度	930mm
口　　径	5.45mm
子　　弹	5.45×39mm M1974步枪子弹
制造年代	1974
制造国家	苏联
自动方式	导气式
闭锁方式	枪机回转式

　　1974 年，苏联军队开始装备 AK-74 突击步枪，首次露面是在 1974 年 11 月 7 日的莫斯科红场阅兵式上。

　　该枪外形与 AK-47 突击步枪差不多，最大的区别是采用结构复杂的圆柱形枪口制退器，利用火药气体具有制退和减震的作用，以利于提高射击精度。AK-74 突击步枪保留了 AKM 突击步枪的机匣外型，同样可以在专用导轨上加装各类瞄准镜，同时还可以加挂 GP 系列榴弹发射器。

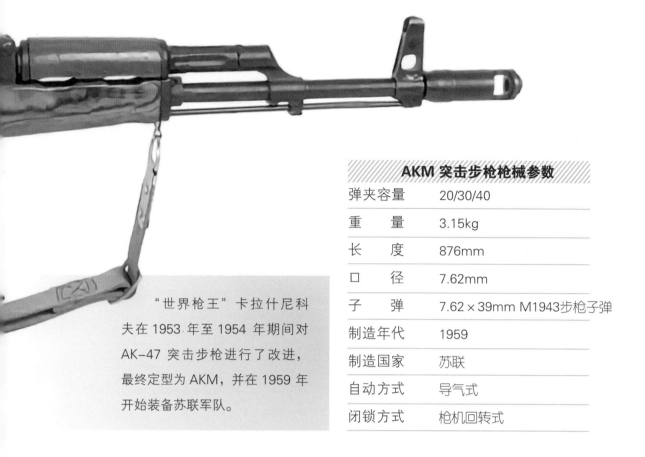

AKM 突击步枪枪械参数

弹夹容量	20/30/40
重 量	3.15kg
长 度	876mm
口 径	7.62mm
子 弹	7.62×39mm M1943步枪子弹
制造年代	1959
制造国家	苏联
自动方式	导气式
闭锁方式	枪机回转式

"世界枪王"卡拉什尼科夫在 1953 年至 1954 年期间对 AK–47 突击步枪进行了改进，最终定型为 AKM，并在 1959 年开始装备苏联军队。

AK-74M 突击步枪

AEK-971 突击步枪

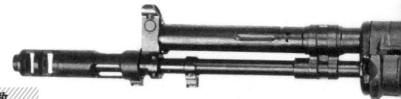

AEK-971 突击步枪枪械参数

弹夹容量	30
重　　量	3.3kg
长　　度	965mm
口　　径	5.45mm
子　　弹	5.45×39mm
制造年代	20世纪70年代初期
制造国家	苏联
自动方式	导气式
闭锁方式	枪机回转式

　　AEK-971 是在 20 世纪 70 年代初期设计的突击步枪，由苏联科夫罗夫基础机械设计局设计，在 2005 年重组后，其武器生产以及军事技术转移到捷格佳廖夫设计局。

　　AEK-971 突击步枪最主要的特点是使用了中央研究精密机械研究院在 20 世纪 60 年代中期，由彼得·安德列耶维奇·特卡乔夫研发的平衡自动反冲回转式闭锁枪机系统。

　　AK-74M 突击步枪意为"现代化的 AK-74"。1987 年伊热夫斯克机械制造厂开始研制该枪，1995 年俄罗斯国防部、内务部和联邦安全局的武装部队开始装备它。

　　大部分的 AK-74M 突击步枪在外观上最明显的特征就是把原来深棕色的枪托、护木都改为黑色，这是因为它用黑色的纤维塑料代替原来的木料作为枪托、护木和握把的材料。AK-74M 突击步枪的折叠枪托内可以装附品盒，护木上增加了防滑纹。

AK-74M 突击步枪枪械参数

弹夹容量	30
重　　量	3.3kg
长　　度	930mm
口　　径	5.45mm
子　　弹	5.45×39mm M1974步枪子弹
制造年代	1987
制造国家	苏联

SVT-40 半自动步枪

AS VAL 特种突击步枪

军用半自动步枪的历史大约可以追溯到1936年，当时美军大规模列装了M1加兰德步枪，该枪为史上第一款大量装备军队的半自动步枪。

SVT-40是一种由苏联研制的半自动步枪，该枪在第二次世界大战期间被苏联红军使用。

SVT-40半自动步枪是根据苏联对芬兰作战所取得的经验教训总结的成果，在SVT-38步枪的基础上改进而成，目的是改善步枪的操作性能，并提高可靠性。由于其结构和工艺比莫辛－纳甘步枪复杂，所以生产速度比较慢。该枪采用击锤式击发机构，手动保险位于扳机后面，将其向下扳动时，能阻止扳机扣动；向左上方扳起后，就能正常射击。

SVT-40 半自动步枪枪械参数

弹夹容量	10
重　　量	3.85kg
长　　度	1226mm
口　　径	7.62mm
子　　弹	7.62×54R凸缘步枪子弹
制造年代	1940
制造国家	苏联
自动方式	导气式
闭锁方式	枪机偏移式

AS VAL特种突击步枪是由中央精密机械工程研究院的彼德罗·谢尔久科领导的研究小组在20世纪80年代后期研制的，AS意为"特种突击步枪"。

该枪采用整体式双室型消音器，发射特制的亚音速重型子弹，比起有效射程相当的微声武器具有更低的噪声，但弹头的终点效能更大。枪管上有一系列细小的泄气孔，位于枪膛的阴线上。

AS VAL 特种突击步枪枪械参数

弹夹容量	20
重　　量	2.5kg
长　　度	878mm
口　　径	9mm
子　　弹	亚音速重型子弹
制造年代	1980
制造国家	苏联
自动方式	导气式
闭锁方式	枪机回转式

APS 水下突击步枪

APS 水下突击步枪枪械参数

弹夹容量	26
重　　量	2.4kg
长　　度	823mm
制造国家	苏联

　　APS 是"水下突击步枪"的缩写。在 1975 年，苏联海军的战斗潜水员开始装备该枪。如今的俄罗斯海军仍装备着 APS 水下突击步枪。而它的设计师于 1983 年因为此枪而获得国家奖项。

　　该枪采用导气式操作自动原理，回转式枪机。机匣左侧有一个保险 / 快慢机，可选择半自动或全自动射击。

TKB-517 突击步枪

TKB-517 突击步枪枪械参数

弹夹容量	30
重　量	3.8kg
口　径	7.62mm
制造国家	苏联

　　TKB-517 突击步枪在外观上与 AK-47 突击步枪类似，但基于约翰·佩德森发明的延迟系统而设计。事实证明，它更可靠、更准确，更容易生产和维护。

第8章
俄罗斯

A-91M 突击步枪

A-91M 突击步枪是由 KBP 设计局在 1991 年研制的，是 9A-91 突击步枪的一种无托结构化产品。

A-91M 突击步枪枪械参数

弹夹容量	30
重　　量	3.97kg
长　　度	660mm
口　　径	5.56mm
子　　弹	5.56×45mm子弹
制造年代	1993
制造国家	俄罗斯
自动方式	导气式

　　A-91M 突击步枪保留了 9A-91 突击步枪基本的导气系统、枪机和击发机构，整体结构改为无托式的聚合物枪身，并在枪管下方整合了一个 40mm 榴弹发射器。A-91M 突击步枪在 20 世纪 90 年代中期的原型是把榴弹发射器整合在枪管上方的，并有一个带榴弹发射器控制扳机的垂直形前握把。而定型的 A-91M 突击步枪则把榴弹发射器改在枪管下方，并兼作前护木。

　　当时的设计师注意到，虽然无托结构可以在保证枪管长度的前提下缩短全枪长度，却带来了几个缺点，其中有两个都与抛壳口接近贴腮位置有关：一是左右手射击的问题。当左手射击时，弹壳会打到射击者的脸上；二是从抛壳口喷出的火药燃气会熏到眼睛，干扰瞄准射击。所以 KBP 设计局设计出了向前抛壳这一理念，用以避免上述问题。

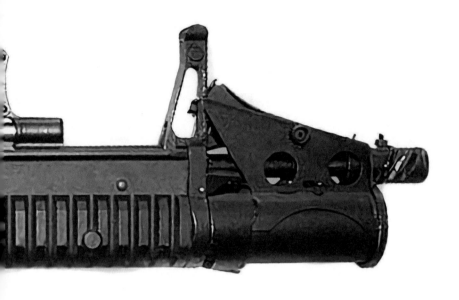

● A–91M 突击步枪分解图

AN94 突击步枪

俄罗斯军方在 1994 年选中了伊孜玛什公司坚纳基·尼科诺夫带领的设计小组提交的 ASN 步枪，并正式定型为 AN94 突击步枪。AN 意为"尼科诺夫突击步枪"。

AN-94 突击步枪枪械参数

弹夹容量	30
重　　量	3.85kg
长　　度	943mm
口　　径	5.45mm
子　　弹	5.45×39mm M1974步枪子弹
制造年代	1994
制造国家	俄罗斯
自动方式	采用导气式与枪管短后坐式混合
闭锁方式	机头旋转式

AN94 突击步枪是根据混合后坐力动作原理设计的，采用单发、2 发和连发射击方式，它的第一型样枪采用的还是 3 发点射机构，最后定型的则限制为 2 发点射。AN94 突击步枪部件用玻璃纤维增强的高强度聚合物制造。它可外挂榴弹发射器，也能安装拆卸式多用途枪刺，而且装卸快速方便。

　　AN94 突击步枪的一个特点是全自动射击时射速会自动降低。在全自动射击时，最初的两发弹在 1800 发 / 分钟的"高射速"中进行，而后则自动降低到 600 发 / 分钟的低射速。

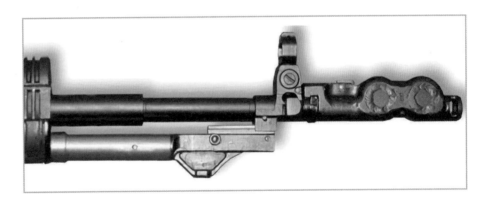

⊙ AN94 突击步枪分解图

AK-105 突击步枪

AK-200 突击步枪

AK-200 突击步枪枪械参数	
弹夹容量	30/50/60
重　　量	3.8kg
长　　度	824mm
口　　径	5.45mm

　　AK-200 突击步枪为俄罗斯著名的 AK 枪族的新款，由"世界枪王"卡拉什尼科夫主持设计，于 2011 年在俄罗斯伊孜玛什公司的伊热夫斯克武器制造厂进行试验。这种新式 AK 系列突击步枪的特点之一就是采用皮卡汀尼导轨。

AK-105 突击步枪枪械参数

弹夹容量	30
重　　量	3.0kg
长　　度	824mm
口　　径	5.45mm
子　　弹	5.45 × 39 mm步枪子弹
制造国家	俄罗斯
自动方式	导气式
闭锁方式	枪机回转式

　　AK-105 突击步枪，实际上是 AK-74M 突击步枪的缩短版本，所以 AK-105 突击步枪属于 AK-100 系列枪族的成员。AK-105 突击步枪和 AK-102 突击步枪、AK-104 突击步枪的设计都非常相似，区别是口径和相应的弹夹类型不同。

A-91 突击步枪

SR-3 旋风突击步枪

SR-3 旋风突击步枪枪械参数	
弹夹容量	10/20
重　　量	2.46kg
长　　度	610mm
口　　径	9mm
制造国家	俄罗斯
自动方式	气动式

　　SR-3 旋风突击步枪是由中央精密机械工程研究院研制的，该枪由 AS VAL 特种突击步枪改进而成。

　　SR-3 旋风突击步枪采用了上翻式的折叠枪托，另外还采用了更简单和更小巧的照门。护木是重新设计的，在护木前上方有一对左右对称的滑块，其实就是 SR-3 旋风突击步枪的装填拉柄，握护木的手的拇指和食指抓住滑块向后拉，就能拉动枪机，因此也取消了 AK 式拉机柄。

该枪采用了一种前向喷射系统，在该系统中，弹射端口位于手柄上方，并指向前方。弹壳从枪头通过短弹射管进入弹射端口，即使从左肩发射，弹壳也会远离枪口。

A-91 突击步枪由俄罗斯图拉的 KBP 设计局在 20 世纪 90 年代开始研发。该枪最早是在枪管上方安装榴弹发射器，并有一个垂直的前叉。

A-91 突击步枪枪械参数	
弹夹容量	30
重　　量	4.3kg
长　　度	660mm
口　　径	9mm
制造国家	俄罗斯

9A-91 突击步枪

AK-107 突击步枪

该枪采用气动式操作、转拴式枪机。气动式操作类型是长行程活塞传动，而转拴式枪机采用了 4 个锁耳设计。该枪的机匣采用低成本的金属冲压方式生产，以降低生产成本、减少所需的金属原料和生产时间，而且更容易进行维护保养。护木和手枪握把则改为较轻的聚合物制造。

9A–91 突击步枪枪械参数

弹夹容量	30
口　　径	9mm
子　　弹	9 × 39 mm子弹
制造年代	1993
制造国家	俄罗斯

AK– 107 突击步枪枪械参数

弹夹容量	30
重　　量	3.8kg
长　　度	943mm
制造年代	1992
制造国家	俄罗斯

该枪的机匣盖利用栓销固定在机匣上，抛壳口的形状和尺寸与原来的 AK 系列步枪略有不同，活塞筒从握把的前缘延伸到准星座。枪机、击发机构、机匣、快慢机、准星、枪托、弹夹及枪口制退器全部来自 AK 枪族。该枪与普通的 AK 系列步枪相比，其最大的差别在于有一个起平衡作用的带有六齿齿轮的平衡器，以减小枪机复进冲击。

AK-102 突击步枪

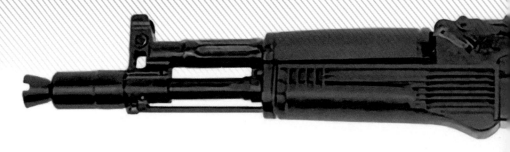

AK-102 突击步枪枪械参数

弹夹容量	30
重　　量	3.2kg
长　　度	835mm
制造年代	1992
制造国家	俄罗斯

　　AK-102 突击步枪是 AK-101 突击步枪的一种缩短版本，而 AK-101 突击步枪的前身是 AK-74 突击步枪。AK-102、AK-104 和 AK-105 在设计上非常相似，唯一的区别是口径和弹夹类型。AK-102 突击步枪是出口版本，用来发射 5.56×45mm 的北约子弹。

AK-103 突击步枪

AK-103 突击步枪可以配备各种各样的瞄准器，包括夜视和望远镜瞄准器，外加一把刺刀或一个榴弹发射器。弹夹、枪托和握把等都是用高强度塑料制成的。

AK-103 突击步枪枪械参数

重　　量	3.4kg
长　　度	943mm
制造年代	1994
制造国家	俄罗斯

AK-104 突击步枪

AK-104 突击步枪枪械参数

弹夹容量	30
重　　量	3kg
长　　度	824mm
制造年代	1994
制造国家	俄罗斯

AK-104 突击步枪是 AK-103 突击步枪的缩短版本。AK-104 突击步枪还配备了一种坚固的、侧向折叠的枪托，并采用可调缺口瞄准器。

AK-101 突击步枪

AK-101 是 AK 系列的突击步枪。AK-101 突击步枪使用的是 5.56×45mm 的北约子弹，这是大多数北约军队的步枪子弹标准。它是用复合材料设计的，包括可以减轻重量和提高准确度的塑料。

AK-101 突击步枪枪械参数	
弹夹容量	30
重　　量	3.6kg
长　　度	943mm
制造年代	1994
制造国家	俄罗斯

AK-12 突击步枪

AK-12 突击步枪枪械参数	
弹夹容量	30
重　　量	3.3kg
长　　度	945mm
制造年代	2010
制造国家	俄罗斯

　　AK-12 突击步枪由伊孜玛什公司设计和制造。它是俄罗斯 AK 系列突击步枪的衍生品。

　　AK-12 突击步枪仍然是长行程导气活塞和回转式闭锁枪机，但重新设计了枪机。拉机柄位置也有了改变，而且不再是枪机框的一个整体，而改为可拆卸式。此外快慢机的形状和位置也有改变，而且左右两侧都有，因此无论用左手还是右手射击，都能用拇指轻松操作快慢机。

EM2 突击步枪

SA80 突击步枪

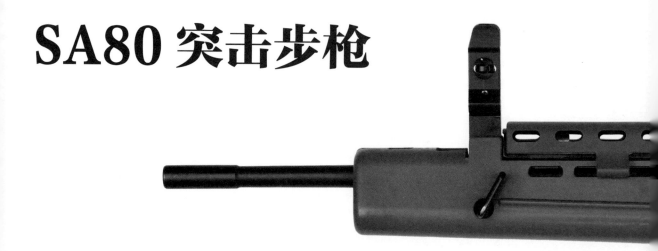

SA80 突击步枪枪械参数

口　　径	5.56mm
子　　弹	5.56×45mm NATO
制造年代	1987
制造国家	英国

　　SA80 突击步枪（英军统称为 L85A1）采用 5.56×45mm NATO 子弹。SA80 的含义是 1980 年的轻武器。该枪采用无托结构枪械构造，并能选择射击模式。

EM2 突击步枪枪械参数	
弹夹容量	20
重　量	3.49kg
长　度	889mm
口　径	7.62mm
子　弹	7.62×51mm NATO
制造国家	英国

　　EM2 突击步枪也被称为第 9 型 Mk1 或詹森步枪，是一种实验性的英国突击步枪。该枪首次用光学瞄准镜代替了机械瞄准具作为步枪的标准瞄准具，并采用了提把。

第10章
以色列

Tavor TAR-21 突击步枪

加利尔突击步枪

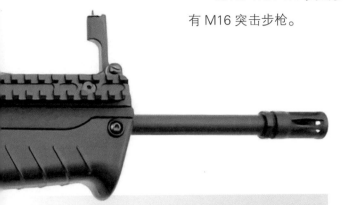

Tavor TAR-21 突击步枪用于替代以色列国防军（IDF）所装备的所有 M16 突击步枪。

Tavor TAR-21 突击步枪是 IMI 公司轻武器分部研制的新型 5.56mm 口径无托结构突击步枪。

"TAR"为 Tavor（战术）突击步枪的英文缩写。该枪在设计时优先考虑更先进的人机工效设计和复合材料等问题，该枪有一个用于后备的金属机械照门及准星，但最主要的还是带有一个先进的反射式瞄准镜。该枪可以将反射式瞄准镜拆除，安装其他瞄准镜、夜视镜、电子装备等。

Tavor TAR-21 突击步枪枪械参数	
弹夹容量	20/30
重 量	2.8kg
长 度	720mm
口 径	5.56mm
子 弹	5.56×45mm NATO子弹
制造年代	1990
制造国家	以色列
自动方式	自由枪机式
闭锁方式	转拴式

加利尔突击步枪的自动方式为导气式，闭锁方式为枪机回转式。导气活塞筒内的排气孔固定，无气体调节器。导气箍固定在枪管上，导气孔向后倾斜，与枪管轴线成 30°夹角。活塞头和活塞杆均镀铬，活塞杆在机匣上方运动。活塞头上有 6 个排气孔，可以将火药气体排出，保证零部件清洁。

加利尔突击步枪枪械参数	
弹夹容量	12/35/50
重 量	2.98kg
长 度	710mm
口 径	5.56mm
制造年代	1972
制造国家	以色列
自动方式	导气式

Tavor X95 突击步枪

Tavor X95 突击步枪枪械参数

重　　量	3.3kg
长　　度	580mm
制造年代	2003~2009
制造国家	以色列

　　Tavor X95 突击步枪由以色列武器工业公司 (IWI) 设计和生产，它是 Tavor 步枪系列的一种。2009 年 11 月，Tavor X95 突击步枪被选为以色列步兵的未来标准武器。

　　该枪改进了保险装置，配有新的护木，取消了握把护手，增加了 M1913 导轨，取消了激光指示器的开关。

第11章
其他国家突击步枪介绍

CR21 突击步枪

RK 95 突击步枪

RK 95 突击步枪枪械参数

弹夹容量	30
重 量	3.7kg
长 度	935mm
口 径	7.62mm
子 弹	7.62×39mm子弹
制造年代	1988
制造国家	芬兰

　　该枪的外观与AK-47突击步枪非常相似，可以单手换弹夹。枪的标尺具有复古感、机械感。该枪会在连续射击时产生极难控制的后坐力，这给使用者造成了一定的射击难度。

枪管上方装有气体活塞的机框，其前后移动便于枪机回转，实现枪管与枪机的开、闭锁。枪机的机头左、右部位设有大的闭锁凸榫。

CR21 突击步枪枪械参数	
弹夹容量	20/30
重　　量	3.8kg
长　　度	760mm
口　　径	5.56mm
子　　弹	5.56×45mm NATO标准子弹
制造年代	1997
制造国家	南非
自动方式	导气式
闭锁方式	枪机回转式

　　CR21 突击步枪是 R5 突击步枪的无托变型枪，它继承了 R5 突击步枪的内部结构，所以工作原理仍以 R5 突击步枪为样板，采用 AK-47 突击步枪的导气式自动原理和枪机回转式闭锁机构。

FAMAS 突击步枪

英萨斯突击步枪

英萨斯突击步枪枪械参数

弹夹容量	20/30
重　　量	3.3kg
长　　度	960mm
口　　径	5.56mm
子　　弹	5.56×45mm子弹
制造年代	1985
制造国家	印度
自动方式	导气式
闭锁方式	枪机回转式

　　英萨斯是印度开发的一套武器系统，该系统包括突击步枪、轻机枪和卡宾枪三种武器。它是由兵工厂领导小组带领几家兵工厂合作开发的。英萨斯突击步枪是印度陆军的现役制式步枪。

FAMAS 突击步枪采用无托式设计，弹夹置于扳机的后方，机匣以塑料覆盖。射控选择钮在弹夹后方，有单发、连发及三发点射三种模式。

该枪的枪机固定在机框内，枪机中间钻有孔，容纳击针、抛壳挺及其弹簧。机框尾端的底部有槽，使之能在机匣中滑动。

FAMAS 突击步枪枪械参数

弹夹容量	25
重　　量	4.2kg
长　　度	757mm
口　　径	5.56mm
子　　弹	5.56×45mm NATO标准子弹
制造年代	1975
制造国家	法国
自动方式	延迟后坐式

SAR-21 突击步枪

VEPR 突击步枪

VEPR 突击步枪枪械参数	
弹夹容量	30
重　　量	3.45kg
长　　度	702mm
口　　径	5.45mm
制造年代	2003
制造国家	乌克兰

　　该枪是在 AK-74 突击步枪的基础上进行了重大改进而形成的，作战性能大为提高，改进后可挂榴弹发射器，并配有红点瞄准器。

SAR-21 突击步枪的主要组件能简单地不用任何工具直接分解。上下机匣的分解通过按下两个定位销完成，带弹簧的定位珠和卡槽机构可防止定位销脱落。

新加坡特许工业公司（CIS）通过 4 年多的时间研制出了一种无托结构的突击步枪，命名为 SAR-21（21世纪新加坡突击步枪）。SAR-21 突击步枪在 1999 年的防务展上首次展出，并在同一年被新加坡武装部队正式采用。没过多久，CIS 公司就改组为 STK 公司。SAR-21 突击步枪由 STK 公司继续生产并供应新加坡军队，逐步取代 M16S1、SAR-80 和 SR-88 突击步枪，同时也出口到其他国家的军队和执法机构。

SAR-21 突击步枪枪械参数	
弹夹容量	30
重　　量	3.82kg
长　　度	805mm
口　　径	5.56mm
子　　弹	5.56×45mm NATO
制造年代	1999
制造国家	新加坡
自动方式	导气式
闭锁方式	枪机回转式

K2 突击步枪

K2 突击步枪枪械参数	
弹夹容量	20/30
重　　量	3.26kg
长　　度	970mm
口　　径	5.56mm
子　　弹	5.56×45mm NATO子弹
制造国家	韩国
自动方式	导气式
闭锁方式	枪机旋转式

　　K2 突击步枪是一种长冲程导气、可选射击模式（全自动与半自动）的 5.56mm 口径突击步枪，以 20 或 30 发 STANAG 弹夹供弹。它的枪机系统由 M16 突击步枪衍生而来，但是步枪各部件和 M16 突击步枪均不通用。

RK62 突击步枪

RK62 突击步枪枪械参数	
弹夹容量	30
重　　量	4.31kg
长　　度	914mm
口　　径	7.62mm
子　　弹	7.62×39mm俄式子弹
制造年代	1962
制造国家	芬兰
自动方式	气动式
闭锁方式	枪机回转式

　　RK62 突击步枪其实是瓦尔梅特公司研制的名为 RK60 突击步枪的改进型，RK60 突击步枪问世时并没有批量生产，而是在经过部队试验和做进一步改进后，最终命名为 RK62 突击步枪并获得芬兰军队的采用。

APS-95 突击步枪

AMD-65 突击步枪

AMD-65 突击步枪枪械参数

弹夹容量	30
重　　量	3.8kg
长　　度	847mm
口　　径	5.56mm
子　　弹	5.56×45mm NATO
制造年代	1965
制造国家	匈牙利

　　该枪是匈牙利制造的 AKM 步枪授权的改进型，供该国的装甲兵和伞兵使用。这种步枪除适合作为步兵在户外使用外，也可以作为装甲车辆的火力支援武器使用。此外，该枪侧向折叠式的设计使它更紧凑。

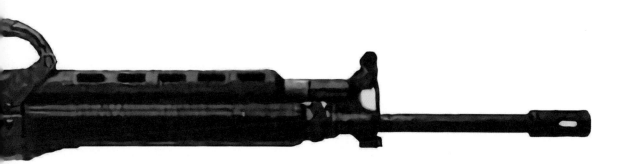

APS-95 突击步枪枪械参数	
弹夹容量	35
重　　量	3.8kg
长　　度	980mm
口　　径	5.56mm
子　　弹	5.56×45mm NATO
制造年代	1972
制造国家	克罗地亚

APS-95 突击步枪是在克罗地亚军队的要求下开发的。该枪通过一个气体驱动的活塞操作，并使用 35 发可拆卸的弹夹，采用 5.56mm 口径子弹，与以色列的加利尔突击步枪或南非的 R4 突击步枪使用的子弹类似。

CZ 805 BREN 突击步枪

SAR 80 突击步枪

CZ 805 BREN 突击步枪枪械参数	
弹夹容量	30
重　　量	3.6kg
长　　度	875mm
口　　径	5.56mm
子　　弹	5.56×45mm NATO
制造年代	2009
制造国家	克罗地亚

　　CZ 805 BREN 突击步枪采用了一种经过充分验证的锁紧后膛原理，它的自动功能是由燃烧气体驱动的，可选择两级调节活塞机构。该枪为气体操作，具有旋转螺栓和手动气体调节器。

SAR 80 突击步枪枪械参数	
弹夹容量	30
重　　量	3.7kg
长　　度	970mm
口　　径	5.56mm
子　　弹	5.56×45mm NATO
制造年代	1976~1984
制造国家	新加坡

　　SAR 80 是一种来自新加坡的常规突击步枪。
　　该枪是一种结构简单、结实、动作可靠、组装拆解容易的导气式突击步枪。枪口消焰器兼作榴弹发射器插座和刺刀座，比较适合伞兵和装甲兵使用。

VHS 突击步枪

RK 62 突击步枪

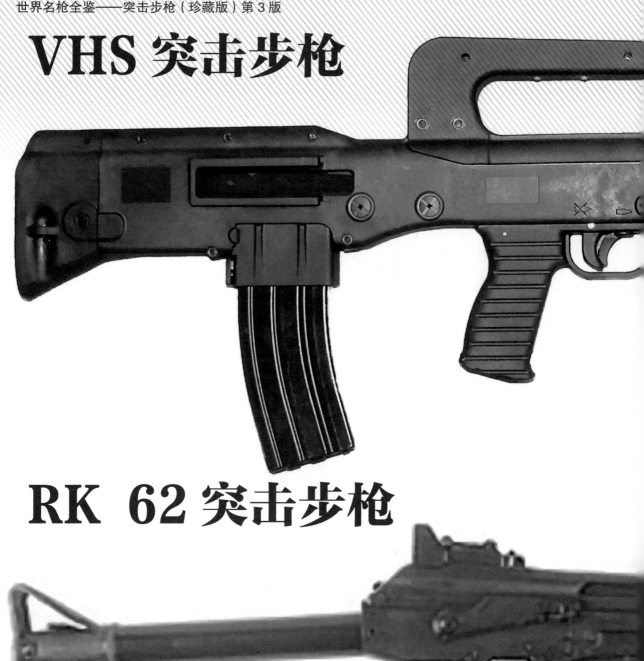

VHS 突击步枪枪械参数	
弹夹容量	20/30
重　　量	3.81kg
长　　度	895mm
口　　径	5.56mm
子　　弹	5.56×45mm NATO
制造国家	克罗地亚

　　该枪的枪管上有一个导气孔，会把一些火药气体引到枪机的后面。当枪机向后运动时，这些气体起到气垫的作用，使枪机的后坐力减小，最后在气体缓冲下停止，而不是撞到机械缓冲器上停止。

RK 62 突击步枪枪械参数	
弹夹容量	30
重　　量	3.5kg
长　　度	940mm
口　　径	7.62mm
子　　弹	7.62×39mm子弹
制造国家	芬兰

　　由于该枪组件制造的精确度要比 AK-47 突击步枪高很多，因此在半自动单发射击时，可达到 1 角分内的弹着分布，符合设计者对于精准射击的要求。该枪采用可翻滚式的觇孔式照门，附带有迷你氚瓶，当环境昏暗时，射手可依赖氚的放射性荧光，对目标进行瞄准。

Zastava M21 突击步枪

Zastava M70 突击步枪

Zastava M70 突击步枪枪械参数

弹夹容量	30
重　　量	4.1kg
长　　度	940mm
口　　径	7.62×39mm
制造年代	1959
制造国家	南斯拉夫

　　该枪在导气箍位置设有一个气体调节器，兼作枪榴弹瞄准标尺。射击时置于平放位置，此时导气孔打开。当需要发射枪榴弹时，将标尺立起，此时导气孔关闭，以承受发射枪榴弹时的高膛压，防止步枪后坐。

Zastava M21 突击步枪枪械参数

弹夹容量	30
重　　量	3.85kg
长　　度	925mm
制造年代	2004
制造国家	塞尔维亚

该枪采用折叠枪托，可增加可调式贴腮板或橡胶托底板，枪上配有皮卡汀尼导轨，并可安装榴弹发射器。

89 式突击步枪

AK5 突击步枪

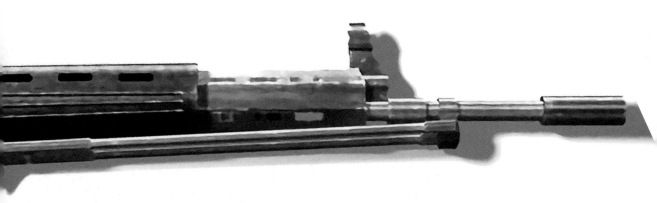

89 式突击步枪采用导气式工作原理，其活塞和活塞筒系统独特，气体膨胀室较长。活塞前部直径小，后部直径大，位于活塞筒中央。该枪采用机械式瞄准具，方柱形准星用于调整归零，觇孔式照门可调整风偏。

89 式突击步枪枪械参数	
弹夹容量	20/30
重　　量	3.5kg
长　　度	916mm
制造国家	日本

该枪是 FNC 突击步枪的瑞典版本，并有一定的修改。主要是为了使武器适应北极地区的气候。该枪是瑞典军队的军用步枪。

AK5 枪械参数	
重　　量	3.9kg
长　　度	920mm
口　　径	5.56mm
子　　弹	5.56×45mm NATO
制造年代	1986
制造国家	瑞典

KH-2002 突击步枪

KH-2002 突击步枪枪械参数

重　　量	3.7kg
长　　度	780mm
口　　径	5.56mm
子　　弹	5.56×45mm NATO
制造年代	2001
制造国家	伊朗

　　该枪枪托后部是用模制聚合物材料制造的，采用枪机回转式闭锁机构，便于左右手射击。闭锁机构位于提把下方，可受到提把的保护。提把包含表尺瞄准具，也可以安装光学或夜视瞄准具。位于弹夹插入槽后面的枪托左后侧设置有射击选择钮，有单发、自动射击、3 发点射和保险 4 个选择。

丰和 64 式自动步枪

丰和 64 式自动步枪枪械参数	
重　量	4.4kg
长　度	990mm
口　径	7.62mm
子　弹	7.62×51mm NATO
制造年代	1964
制造国家	日本

　　该枪采用直形木制枪托和枪口制退器，单发射击精度较高。该枪装有可调整的准直式瞄准具，觇孔照门和准星可折叠，武器携行时向下折叠，射击时再打开。

MPT-76 突击步枪

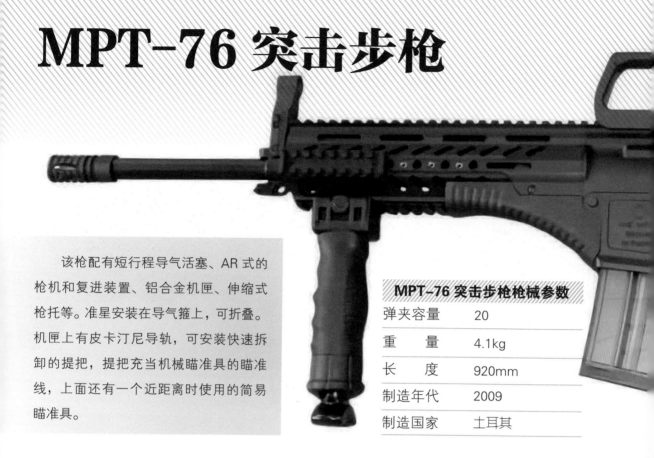

该枪配有短行程导气活塞、AR 式的枪机和复进装置、铝合金机匣、伸缩式枪托等。准星安装在导气箍上，可折叠。机匣上有皮卡汀尼导轨，可安装快速拆卸的提把，提把充当机械瞄准具的瞄准线，上面还有一个近距离时使用的简易瞄准具。

MPT-76 突击步枪枪械参数	
弹夹容量	20
重　　量	4.1kg
长　　度	920mm
制造年代	2009
制造国家	土耳其

CZ 805A1 突击步枪

该枪采用模块化设计， 目前有 5.56×45mm 和 7.62×39mm 两种子弹， 预计将来还要研制 6.8mm SPC 子弹。

CZ 805A1 突击步枪最初的命名是 CZ S805A。该枪第一次公开露面是在 2007 年的一次展览上，虽然当时还没有公布详细的资料，但从图中可以明显看出该枪的设计受到 SCAR 突击步枪的许多影响，并有一些设计与 XM8 突击步枪很相似，还参考了 G36 突击步枪的一些细节。

CZ 805A1 突击步枪枪械参数

弹夹容量	30/100
重 量	3.6kg
长 度	910mm
口 径	5.56mm/7.62mm
子 弹	5.56×45mm/7.62×39mm子弹
制造国家	捷克
自动方式	导气式
闭锁方式	枪机回转式

VZ58 突击步枪

VZ58 突击步枪枪械参数

弹夹容量	30
重　量	2.91kg
长　度	845mm
口　径	7.62mm
子　弹	7.62×39mm
制造国家	捷克斯洛伐克

　　VZ58 是一种由捷克斯洛伐克研制的突击步枪，发射 7.62×39mm 中间型威力子弹。

　　VZ58 突击步枪结构紧凑，结实耐用，质量轻，精度高，但其可靠性较差。